LA PETITE MÉNAGERIE

DES

QUADRUPÈDES.

IMPRIMERIE DE CH. DEIS, A BESANÇON.

LA PETITE MÉNAGERIE

DES QUADRUPÈDES,

OU

DESCRIPTION

DES ANIMAUX LES PLUS UTILES, LES PLUS RARES, ET LES PLUS CURIEUX,

Representés dans une suite de 44 gravures

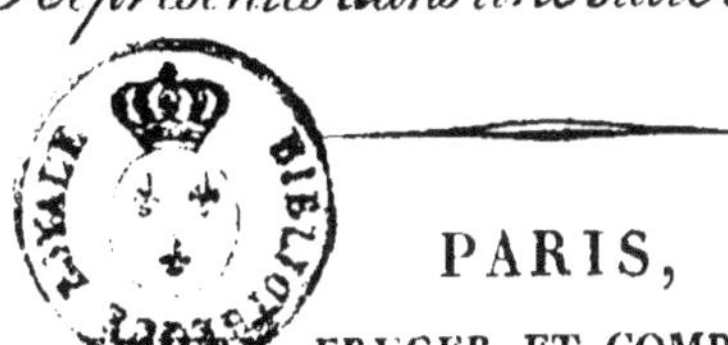

PARIS,

EYMERY, FRUGER ET COMP.^e, LIBRAIRES,

rue Mazarine, n° 30.

1828.

Ceux que l'on voit en Amérique y ont été transportés par les Espagnols; car cette espèce d'animaux manquait au nouveau monde. Dans l'île de Saint-Domingue, on les rencontre par troupes de plus de cinq cents. Lorsqu'ils aperçoivent un homme, il s'arrêtent tous; l'un d'eux s'approche à une certaine distance, souffle des naseaux, prend la fuite, et tous les autres le suivent.

L'ANE.

L'Ane, de même que le cheval, tire son origine de l'Arabie, et ce ne fut, dit-on, que sous le règne de la reine Élisabeth qu'il fut connu en Angleterre. C'est un animal patient, paisible et persévérant, mais obstiné s'il est maltraité dans sa jeunesse. Tempérant dans sa manière de vivre, il se contente des herbages les plus communs, quoiqu'il soit extrêmement difficile sur le choix de l'eau. Sa peau est plus dure que celle du cheval, qu'il remplace souvent; car il est employé aux plus rudes travaux, et souvent battu sévèrement quand on veut l'obliger à les accomplir.

LE ZÈBRE.

Le Zèbre est plus grand que l'âne, et a une singulière ressemblance avec la mule pour la forme. C'est un des animaux les plus beaux, les plus timides, les plus farouches et les moins faciles à dompter qu'il y ait dans la nature. Son poil est remarquable par son éclat, et présente alternativement des raies jaunes et noires qui sont du plus bel effet. Le zèbre habite le nord de l'Afrique; aussi en rencontre-t-on des bandes dans les vastes plaines situées vers le cap de Bonne-

Espérance. Mais, grâce à leur excessive rapidité, on en prend rarement; et même l'industrie des hommes n'est pas parvenue à soumettre au joug de l'obéissance cet élégant animal.

LE BŒUF.

Il existe plusieurs espèces de Bœufs répandues dans diverses parties du monde. Ils semblent faits pour supporter les différences de chaque climat. Ils habitent les régions les plus brûlantes comme les plus glacées. Cet animal est on ne peut plus utile à l'homme durant sa vie et après sa mort. Le lait de la vache, tout à la fois salubre et agréable, sert à faire une foule d'excellentes choses. La viande du bœuf est d'un usage habituel; quand l'animal est jeune, on le désigne sous le nom de *veau.* Les bœufs tiennent souvent lieu de chevaux pour traîner la charrue ou des chariots. Leurs cornes servent à faire des lanternes, leur peau du cuir, et leurs sabots de la colle-forte.

LE BUFFLE.

Le Buffle se trouve en Afrique, aux Indes, et a été
transporté en Italie et dans le midi de l'Europe : il ressemble pour la forme au taureau; mais il a le cou plus
court et plus gros, les jambes plus hautes et la tête
proportionnément plus petite. Ces animaux diffè-
rent aussi par leur caractère. Le buffle est plus vio-
lent; il a des fantaisies plus brusques et plus fréquentes;
sa voix est un mugissement épouvantable. On fait un
grand usage de ces animaux en Italie, où on les em-

ploie au labour. Il y a des troupeaux de buffles sauvages dans l'Afrique et dans les Indes. Ils ne font point de mal, à moins qu'on ne les attaque; mais si on les blesse, ils reviennent avec fureur sur leur ennemi, le terrassent et le foulent aux pieds.

LE MOUTON.

Le Mouton est généralement considéré comme un
animal stupide, entièrement privé de courage; néan-
moins, dans l'état sauvage, il attaque ses ennemis et
sort quelquefois victorieux du combat. Il montre dans
le choix de sa nourriture une grande sagacité, de
même que lorsqu'il prévoit les approches de la tempête;
alors il cherche souvent un abri dans les montagnes.
On a trouvé plus d'une fois tout un troupeau enseveli,
pendant plusieurs jours, sous une couverture de neige.

Le mouton s'aperçoit, par les apparences d'orage, s'il faut rentrer à la bergerie, et il gagne son asile avec le berger. C'est avec la laine de cet animal que nous faisons nos vêtemens. La peau se prépare : on en fait des gants, du parchemin et de la basane pour couvrir les livres. Ses entrailles fournissent des cordes d'instrumens. On obtient du lait de la brebis, et l'on en fait du beurre et du fromage. La chair du mouton est un aliment aussi sain qu'agréable.

LA CHÈVRE.

La Chèvre est un animal folâtre qui se plaît à grimper au sommet des montagnes les plus sauvages, s'élance sur la cime des rochers, et se tient sur les pics les plus escarpés sans crainte du danger. C'est de là qu'il semble défier le chasseur, quelque hardi qu'il soit, de le poursuivre. Il est redevable de cette faculté qui convient si bien à son genre de vie, à ses pieds, qui sont profondément creusés comme une cuiller. C'est encore une preuve de la bonté divine, que d'avoir placé la nourriture de la chèvre dans les lieux où la conduit son instinct. Elle broute sur la cime des montagnes, ou de tendres rameaux ou des feuilles nouvelles de jeunes arbres. Sa chair a le goût de la venaison; son lait est doux et nourrissant; sa peau se prépare pour divers usages, et l'on fabrique des étoffes avec son poil.

L'IBEX.

L'Ibex ou Bouquetin ressemble, pour la forme, à la chèvre ordinaire, mais il l'excède en hauteur. Ses cornes sont inclinées en arrière, et offrent à la vue plusieurs nœuds. Chaque année en ajoute un de plus. Par ce moyen, l'on reconnaît aisément l'âge de l'animal. On a trouvé quelques-unes de ces cornes, qui avoient au moins deux verges de long.

La femelle est plus petite que le mâle, et ses cornes sont beaucoup plus courtes. L'ibex habite les cimes les

plus escarpées des Alpes, où il jouit de la plus entière
liberté. Comme son extrême sauvagerie lui fait recher-
cher les hautes pointes des rochers, il est très difficile
de le tirer, et sa chasse ne se fait pas sans courir de
grands périls.

LA GIRAFE.

La Girafe est originaire des plaines sauvages de l'É-
thiopie et des autres parties intérieures de l'Afrique. Sa
hauteur, de l'extrémité des jambes au sommet de la
tête, est de seize ou dix-sept pieds, et sa longueur, de
l'extrémité de la queue à celle du cou, doit être évaluée
à vingt-deux pieds. Ses jambes de devant et de derrière
sont d'une assez médiocre hauteur; mais à cause de
l'extrême élévation des épaules, celles de derrière pa-
raissent d'une dimension tout-à-fait inégale, comparées

2

aux autres. Son cou est mince et élégant : deux cornes
de six pouces de haut, recouvertes de poil et arrondies
à l'extrémité, s'élèvent sur sa tête. Le pelage du mâle
est d'un gris clair, marqué de taches d'un brun obscur;
les taches de la femelle sont d'un jaune pâle. Cet animal est timide et innocent, mais il est farouche. Ceux
que l'on voit au cabinet d'histoire naturelle du jardin
du Roi, ont été apportés par MM. Levaillant et de La-
lande. Ces deux voyageurs ont eu beaucoup de peine
à s'emparer des individus dont ils ont enrichi, à diverses
époques, la collection du gouvernement.

L'ÉLAN.

L'Élan est le plus gros des animaux de la dernière espèce dont nous nous occupons. Les Américains l'appellent *moose* ou *daim sauvage*. Les élans d'Europe ont sept à huit pieds de haut, et dix de longueur, en mesurant du museau à la naissance de la queue; ils sont extrêmement rapides, et l'on s'en servait autrefois en Suède pour tirer les traîneaux, quoique l'on n'en fasse plus usage maintenant.

En passant au travers des bois épais, ces animaux

portent leur tête horizontalement pour empêcher que leurs cornes ne s'embarrassent dans les branches. Leur chair est agréable, nourrissante, et extrêmement estimée par les Indiens, à cause de ses qualités fortifiantes. la langue est excellente; mais le mufle est surtout regardé, au Canada, comme un mets d'une délicatesse extrême.

LE RENNE.

Cet utile animal se rencontre dans les régions glacées du nord, où il forme la principale richesse des Lapons : il les porte à de grandes distances sur leurs traîneaux, voitures très usitées parmi eux. Son lait leur sert de boisson : sa peau les habille ; elle leur tient lieu de lit, et l'on tire du fil de ses nerfs. Les rennes vivent principalement d'un lichen, de mousse qu'ils découvrent aisément, quoique cachée sous la neige. On a fait plusieurs tentatives pour les naturaliser en Angleterre ;

mais elles ont toutes été inutiles. Il paraît qu'un pays toujours couvert de glace et de neige leur convient mieux que ceux qui jouissent d'un climat plus tempéré.

LE CERF.

L'élégance de sa forme et de ses mouvemens, ainsi que son bois qui a une apparence si noble, contribuent à rendre le cerf remarquable par sa beauté. L'âge de cet animal se reconnaît à ses espèces de cornes, qui avancent d'une protubérance, et forment ces andouillers généralement admirés. La femelle est appelée *biche;* l'on désigne ses petits sous le nom de *faons.* Les biches sont remarquables par leur tendresse maternelle; elles élèvent leurs petits avec un soin extrême; elles se présentent quelquefois d'elles - mêmes aux poursuites du chasseur , pour l'éloigner de la place où elles ont mis bas. Les cerfs aiment à vivre en société , et forment le principal ornement de nos parcs. Ils écoutent avec un visible plaisir le flageolet des bergers , dont on se sert quelquefois pour les entraîner à leur perte.

LE CHAMEAU.

Le Chameau est remarquable par ses qualités utiles et par son caractère patient. Son lait fournit aux Arabes une boisson salutaire. Ils mangent sa chair, quand il est jeune. Son poil, que l'on tond chaque année, sert à faire de belles étoffes, destinées à plusieurs usages. C'est le seul animal qui soit propre à traverser les dé-serts sablonneux de l'Arabie, de la Perse et de la Bar-barie, parce que la nature l'a pourvu d'une espèce de poche dans l'estomac, où il peut conserver l'eau pendant plusieurs jours. Il est docile quand on le traite bien; mais il ne veut pas se soumettre à être surchargé ou maltraité, sans donner des marques terribles de ressentiment.

Le pied du chameau est parfaitement conformé relativement à sa situation; il est plat, large et flexible, propre à marcher dans les plaines de sable mouvant qu'il doit traverser.

LE SANGLIER,

OU

COCHON SAUVAGE.

C'est de cet animal que descendent toutes les variétés de l'espèce domestique. Pour la taille, il est beaucoup plus petit; sa couleur est d'un gris obscur, tirant sur le noir; son groin est allongé, ses oreilles sont courtes, et il est armé de formidables défenses de chaque côté de la mâchoire, qui lui servent à détruire ses ennemis, ainsi qu'à déterrer les racines dont il fait sa nourriture. Quand il est surpris par le loup ou par d'autres bêtes sauvages, il appelle ses compagnons à son secours par un cri terrible; les plus forts se rangent en cercle, et entourent l'agresseur. Il y a peu d'animaux, dans cette position, qui osent les attaquer. La chasse au sanglier est un dangereux amusement dans les lieux où ils se rencontrent en grand nombre; mais plusieurs personnes aiment à s'y livrer.

LE RHINOCÉROS.

Cet animal n'est guère moins gros que l'éléphant ;
cependant ses jambes sont si courtes qu'il paraît considérablement plus petit. C'est un être grossier ; mais il
est recouvert d'une peau tellement épaisse, qu'il ne
craint ni les griffes du tigre, ni la trompe de l'éléphant. Sa peau forme quelquefois de larges plis ; il la
détire en ayant l'air de goûter un grand plaisir, et en
élargissant son ventre pour se rendre plus léger et plus
capable de traverser les marécages qu'il habite. Il est

armé d'une corne qui s'élève au-dessus de son nez ;
elle est si solide, si forte, qu'elle lui donne la possibilité de résister à ses ennemis les plus puissans. On le
trouve dans différentes parties de l'Afrique et de l'Asie,
et l'on suppose que c'est le même animal dont parle
l'écriture sous le nom d'*unicorne.*

L'HIPPOPOTAME.

L'Hippopotame est un animal lourd, grossier; mais il retrouve son activité dans l'eau, où il cherche un asile quand il est poursuivi ou provoqué au combat. Il habite les rivières les plus considérables de l'Afrique, depuis le Niger jusqu'au cap de Bonne-Espérance. Quoique presque aussi gros que l'éléphant, il ne mange que de petites branches et des feuilles d'arbres. Son caractère est assez paisible; sa tête paraît très grosse en comparaison du corps, et sa bouche est d'une prodigieuse grandeur; il a à chaque mâchoire quatre dents incisives; et l'on remarque également quatre grandes défenses. Sa peau est d'une couleur obscure, ressemblant à celle de l'éléphant, mais elle est plus épaisse; l'on en fabrique des courroies pour les fouets. Sa chair est tendre et saine, et les habitans du cap de Bonne-Espérance en font une assez grande consommation.

L'ÉLÉPHANT.

L'Éléphant est le plus grand des quadrupèdes. Sa
tête a quelque chose de monstrueux ; elle supporte
deux oreilles très longues, très larges, et disposées à
peu près comme celles de l'homme ; sa peau est si
épaisse, que les flèches ne peuvent la percer. L'organe
le plus admirable, et que l'éléphant seul possède, est
cette trompe qu'il allonge et raccourcit à volonté. Cette
partie, qui, à proprement parler, n'est que son nez,
est charnue, nerveuse, creuse comme un tuyau, extrê-

5

mement flexible dans tous les sens. Lorsque l'animal veut manger, il arrache l'herbe avec sa trompe, et en fait des paquets qu'il porte à sa bouche; elle lui sert également lorsqu'il a soif: enfin cet organe réunit au plus haut degré les deux sens du toucher et de l'odorat. Les pays chauds d'Asie et d'Afrique sont les lieux où naissent les éléphans. On les emploie à porter les plus lourds fardeaux. Ils sont dociles, souples, obéissans, capables d'affection et de reconnaissance; mais il est dangereux de les maltraiter.

Les éléphans sauvages vivent ordinairement en société dans les forêts et les vastes solitudes. Ils ne s'écartent guère les uns des autres, afin de se porter du secours. Les grandes défenses de ces animaux fournissent l'*ivoire*.

LE LION.

Les Lions n'habitent que les climats secs et brûlans de
l'Asie et de l'Afrique : ceux de la plus grande taille ont
environ huit ou neuf pieds de longueur, depuis le mufle
jusqu'à l'origine de la queue, qui est elle-même longue
d'environ quatre pieds. Toutes les parties antérieures de
leur corps sont recouvertes d'une crinière, ou plutôt d'un
long poil qui croît avec l'âge. « Le lion, dit Buffon, a la
figure imposante, le regard assuré, la démarche fière, la
voix terrible; son corps paraît être le modèle de la force. »

Quand son rugissement se fait entendre par échos, la nuit dans les déserts, il ressemble au bruit du tonnerre. Ce rugissement est sa voix ordinaire, car lorsqu'il est en fureur, il a un cri plus effrayant encore : alors il se bat les flancs de sa queue; il agite sa crinière, fait mouvoir la peau de sa face, et montre ses dents menaçantes. Sa course ne se fait pas par des mouvemens égaux, mais par sauts et par bonds. Presque tous les animaux frémissent et s'enfuient à sa seule odeur; l'éléphant, le rhinocéros, le tigre, l'hippopotame, sont les seuls qui puissent lui résister. Le caractère du lion est noble, magnanime, et on l'a vu donner la vie à ceux qu'on avait dévoués à la mort en les lui jetant pour proie,

LE TIGRE.

Le Tigre est le plus rapace de tous les animaux : non seulement il détruit ses victimes pour assouvir sa faim, mais quand il est rassasié, il continue à satisfaire son avidité pour le sang sur toutes les créatures qu'il rencontre. Il ne craint ni la vue ni la résistance de l'homme, dont il fait souvent sa proie. Le tigre est particulier à l'Asie; il fait le guet parmi les buissons, sur le rivage des fleuves, et il s'élance de là sur sa victime avec une vitesse surprenante. Une société d'hommes et de dames assis à l'ombre de quelques arbres, au Bengale, fut sauvée des griffes du tigre par la présence d'esprit d'une de ces dames, qui déploya une ombrelle à sa face au moment où il se jetait sur elle. Il fut tellement effrayé de cette action, qu'il se retira à l'instant.

LE CHAT.

Le Chat, sans être dressé, devient de lui-même un très habile chasseur : son grand art consiste dans la patience et dans l'adresse; il reste immobile à épier les animaux, et manque rarement son coup. « Quoique les chats, surtout quand ils sont jeunes, aient de la gentillesse, dit Buffon, ils ont en même temps une malice innée, un caractère faux, un minois hypocrite, un naturel pervers que l'âge augmente encore et que l'éducation ne fait que masquer; en un mot, ils sont moins

amis de l'homme que familiers par intérêt et par habi-
tude. » Rien n'égale les soins que les femelles de ces
animaux prodiguent à leurs petits; mais une chose très
singulière, c'est que ces mères si tendres deviennent
quelquefois dénaturées, et dévorent leur progéniture.

LA BELETTE.

La Belette est bien connue dans nos contrées pour détruire les jeunes oiseaux, la volaille, les lapereaux; elle est aussi très friande d'œufs. On la rencontre rarement durant le jour : mais aux approches de la nuit, elle sort de son nid, et on la voit se diriger particulièrement vers les fermes, pour essayer de se procurer sa proie, qu'elle dévore rarement sur la place, et qu'elle préfère emporter dans sa retraite, où, si elle n'est pas pressée par la faim, elle la conserve jusqu'à ce que la putridité s'en empare. Il paraît qu'elle la considère dans cet état comme un morceau plus délicat, et qu'elle s'en régale avec délices. Les fermiers oublient les dommages de la belette, en considérant son utilité; elle débarrasse leurs granges de rats et de souris; c'est pourquoi ils laissent multiplier sa race.

LE BLAIREAU.

Cet animal choisit les endroits les plus retirés pour en faire le lieu de son habitation, qu'il creuse sous terre : il y reste caché durant le jour, et ne sort qu'à la nuit. Il est d'un caractère indolent, et emploie beaucoup de temps à dormir. La nourriture du blaireau consiste en racines, herbes, fruits, insectes et grenouilles; il se nourrit aussi quelquefois de charognes. Il mord cruellement, et sait ainsi parfaitement se défendre. On fait quelquefois combattre des blaireaux dressés à cet effet ; mais c'est un divertissement cruel, et qui ne peut donner aucun plaisir à un être raisonnable : les mouvemens du blaireau sont si prompts, qu'il blesse fréquemment les chiens, et les oblige à se désister de leur attaque. On fait avec le poil de cet animal des pinceaux et des brosses pour la barbe.

L'OURS BRUN.

Cet animal se trouve dans un grand nombre de pays. Il est sauvage et solitaire. On le voit choisir sa demeure dans les lieux les plus tristes et les moins fréquentés. Il vit principalement de racines, de fruits et de végétaux, et il est extrêmement friand de miel; pour satisfaire son goût, il ne craint aucun danger. L'ours jouit, à un haut degré de perfection, des sens de l'ouïe, de la vue et du toucher : sa voix est sourde; c'est une espèce de grognement qu'il fait entendre fréquemment souvent sans cause apparente. La chair des oursons est regardée comme très délicate. On tue chaque année un grand nombre d'adultes en Amérique, pour obtenir leur fourure, qu'on emploie à plusieurs objets utiles.

L'HYÈNE.

L'Hyène est le plus féroce des animaux : quoique prise jeune, elle ne peut s'apprivoiser. Elle se met aux aguets dans les cavernes des montagnes, ou dans les antres qu'elle se creuse en terre. Son courage est égal à sa férocité, et elle se défend contre des animaux d'une taille bien supérieure à la sienne; le lion et la panthère ne l'effraient point, et quelquefois elle attaque l'ours, qu'elle ne manque point de vaincre. Elle a de l'analogie pour la forme et la disposition du corps, avec le loup; mais elle est plus redoutable et plus féroce. L'hyène habite la Turquie asiatique, la Syrie, la Perse et la Barbarie. Elle a un cri particulier, qui ressemble aux accens douloureux d'un homme en danger; et il est arrivé que des personnes auxquelles on avait confié leur garde, y aient été trompées, et soient tombées en leur pouvoir.

L'ÉCUREUIL.

Ce charmant petit animal se fait admirer également
par son élégance et par son agilité. Il est d'un caractère aimable et enjoué, quoique dans les bois il soit
très sauvage. On l'apprivoise aisément, et on l'enferme
souvent dans une cage mobile, garnie de sonnettes,
qui tourne en suivant les mouvemens de l'animal. Dans
l'état sauvage, il fait son nid de mousse et de feuilles
sèches, au sommet des arbres. L'écureuil se promène
rarement à terre, mais il saute d'un arbre à un autre

avec une grande agilité. Sa nourriture consiste en fruits, amandes, noix et noisettes, dont il fait une abondante provision pour l'hiver. Quand il mange, il se tient sur ses pates de derrière, et porte sa nourriture à sa bouche avec celles de devant. Sa queue est son plus bel ornement, et lui sert dans l'hiver à se garantir du froid.

LE RAT.

Le Rat domestique, connu de tout le monde, et qui habite dans les greniers et les vieilles maisons, a environ sept pouces de longueur; il ronge les étoffes, les meubles, la laine, le bois. Avide de tout, jusqu'à la chair humaine, on a vu des moribonds, des prisonniers, des enfans au berceau, rongés par ces animaux voraces. Les cloaques, les hôpitaux malpropres, sont aussi des lieux qu'ils choisissent pour leur retraite. Malgré les chats, les piéges, le poison, ces quadrupèdes sont en si grand nombre, qu'on serait obligé de déserter, si, dans les temps de disette, ils ne se mangeaient entre eux.

LE CASTOR.

Le Castor est le plus industrieux des animaux. Plusieurs de la même espèce se réunissent pour vivre ensemble, et construisent leurs habitations d'une manière fort ingénieuse, le long d'une rivière, parce qu'ils ne peuvent pas vivre sans eau; quelques individus sont employés à couper des arbres au moyen de leurs dents incisives, pour achever l'ouvrage, et ils s'arrangent toujours de manière à ce qu'ils tombent vers l'endroit où est l'eau. Avec les troncs de ces arbres, ils forment

une digue sur le bord du fleuve, et ils élèvent au-dessus un appartement à trois compartimens, où ils font
leur résidence. Chaque castor se fait un lit de mousse,
et toute la famille rassemble une provision de vivres
pour l'hiver. Cet animal se rencontre principalement
dans le nord de l'Amérique. Son poil sert à fabriquer
des chapeaux.

LA SOURIS.

La Souris a l'œil vif, une figure assez fine, l'ouïe
fort subtile : elle prend son manger avec ses deux pates
de devant, et se tient assise sur son derrière à la manière des écureuils. Les chats, tous les oiseaux de nuit,
les belettes, les fouines, les rats même, lui font la
guerre : elle ne peut se soustraire à leur poursuite que
par son agilité et sa petitesse même. Timide et faible,
elle ne se hasarde hors de son trou que pour chercher
à vivre ; elle ne s'en écarte guère, y rentre au moindre

bruit, et ne va pas, comme le rat, de maisons en maisons, à moins qu'elle n'y soit forcée. Elle s'apprivoise
jusqu'à un certain point, mais sans s'attacher.

LE KANGUROO.

Ce singulier animal est originaire de la Nouvelle-Hollande : sa tête est petite et va en pointe ; ses oreilles sont longues et droites ; sa lèvre supérieure se trouve fendue ; l'extrémité de son museau est noire ; ses narines sont larges ; sa mâchoire inférieure est plus petite que la supérieure ; sa tête, son cou et ses épaules sont d'une petite dimension ; sa queue est longue et pointue ; ses pates de devant beaucoup plus petites que les autres, et il s'en sert pour creuser la terre, ou pour porter sa

nourriture à sa bouche. Il ne se meut qu'au moyen
des pates de derrière; il saute à la distance de dix ou
douze pas d'un seul élan, et il exécute cette manœuvre
si promptement, qu'il surpasse même le chevreuil en
vitesse. Il monte de rochers en rochers, et s'élance au-
dessus des buissons qui ont sept ou huit pieds de haut.
C'est un animal paisible et innocent, qui ne se nourrit
que de végétaux.

LE SINGE

A LONGUE QUEUE.

On distingue cet animal, à cause de la longueur de sa queue, de la guenon et du babouin. La guenon n'en a point, et le babouin n'en a reçu qu'une fort petite de la nature. Ce singe est plus petit que ceux dont nous venons de parler. Ses variétés sont nombreuses; on le rencontre dans presque tous les pays chauds, et il y a peu de forêts qui ne soient habitées par quelques individus appartenant à son espèce. La femelle porte rarement plus d'un petit chaque fois ; elle en a cependant quelquefois deux. Quand elle se trouve dans cette dernière circonstance, elle est obligée d'en porter un sur ses épaules et l'autre dans ses bras : elle met sur son sein, quand il veut téter, celui qu'elle a sur le dos. Le mâle et la femelle prennent tous deux grand soin de leurs petits, et leur enseignent toutes sortes de malices, de moyens de piller et de faire du mal.

LE SINGE

DE BARBARIE.

Ces Singes dévastent les champs de millet et les jardins avec acharnement. Leur friandise cause encore plus de dégât que leurs larcins ; car ils examinent le fruit ou l'épi qu'ils viennent de cueillir, et s'il ne leur convient pas, ils le jettent pour en prendre un autre. Soit qu'ils dorment, travaillent ou maraudent, l'un d'eux est toujours en sentinelle, et avertit du danger :

alors toute la troupe s'enfuit avec une vitesse étonnante; les jeunes, qui ne sont pas bien accoutumés au manége, montent sur le dos des plus vieux, où ils se tiennent d'une manière fort plaisante.

LE PORC-ÉPIC.

Le Porc-Épic, quoiqu'il paraisse redoutable, est un animal innocent; il vit de fruits, de racines et d'autres végétaux. Il dort durant le jour, et profite de la nuit pour chercher sa nourriture. Ses piquans sont d'une défense suffisante contre des animaux plus puissans que lui. Au moindre mouvement que l'on fait pour l'irriter, il les dresse et les secoue avec violence, en les dirigeant vers l'endroit où il croit qu'il est en danger d'être attaqué; il s'avance en même temps vers celui qui l'a

provoqué. Quoiqu'il vienne originairement de l'Inde et
de la Perse, on le rencontre en Europe. Il vit dans l'état
sauvage en Espagne et en Italie; et on l'expose quelquefois en vente dans les marchés de Rome, avec les
autres espèces de gibier.

LE HÉRISSON.

Cet animal a été pourvu par la nature d'une armure d'épines. Comme il est privé de tout autre moyen de défense, il se met en sûreté contre les attaques des plus petits animaux carnassiers. Quand il prend l'alarme, il rassemble son corps en forme de boule, et présente de tous côtés ses piquans : lorsque les plus forts sont affaissés, ceux qu'on ne voyait pas d'abord se dressent, et par ce moyen il lasse ses ennemis d'une attaque continue. On a vu des hérissons dressés à tour-

6

ner une broche, quand ils étaient placés dans une roue, comme les chiens qu'on habitue à cette manœuvre. Ils vivent dans les bois et dans les haies, et se nourrissent de fruits, de larves, d'escargots, et de toutes les autres espèces d'insectes. Durant l'hiver, ils s'ensevelissent dans un nid de mousse et de feuilles; ils y dorment jusqu'à ce que la mauvaise saison soit passée.

LA LOUTRE.

La Loutre est un animal qui habite la plupart des contrées du globe. La facilité qu'il a à parfaitement nager peut le rendre fort utile à l'homme, non seulement quand il est dressé pour prendre le poisson, mais encore quand il le pousse vers les filets. La fourrure de la loutre est d'un brun foncé, avec deux petites taches d'un brun clair, de chaque côté du nez, et une autre sous la mâchoire inférieure. Elle fait sa demeure dans quelques trous écartés sur le bord d'un lac ou d'une rivière, et même sur un rivage d'où l'on puisse se rendre avec sécurité dans l'eau, parce qu'elle s'y retire immédiatement à la moindre alarme; car le bon Dieu pousse chaque créature à pourvoir à ses propres besoins, ainsi qu'à sa préservation, par les moyens les plus convenables à leurs différentes natures.

LE PARESSEUX.

C'est de tous les animaux le plus lent, le plus inactif;
il se met rarement en mouvement, à moins qu'il ne soit
poussé par la faim à chercher sa nourriture. Quand il
s'est une fois décidé à grimper à un arbre, il y reste
jusqu'à ce qu'il ait dévoré les feuilles, les fleurs, les
fruits, et souvent l'écorce. Le paresseux est susceptible
de vivre long-temps sans prendre de nourriture. On
cite l'exemple d'un de ces animaux, qui, étant monté à
une perche, resta dans cette élévation durant l'espace

de quarante jours. Sa plus grande défense est un cri plaintif dont il accompagne tous ses mouvemens, et qui effraie souvent les bêtes carnassières. Il y a deux espèces de paresseux, que l'on distingue par le nombre de leurs ongles. Ce singulier animal ne se rencontre que dans le sud de l'Amérique.

LE FOURMILLER,

OU

TAMANOIR.

Il y a plusieurs espèces de Fourmillers; on les rencontre au Brésil et à la Guiane. Ils courent doucement, et nagent fréquemment dans les rivières. Le tamanoir ne vit que de fourmis; ils les rassemble en fourrant dans leurs trous sa langue, qui est extrêmement longue; les insectes s'attachent à cette langue naturellement recouverte d'une liqueur visqueuse, et l'animal la retire, quand il la juge suffisamment chargée de ce dont il fait sa nourriture; cette opération est extrêmement prompte. Les pates de cet animal sont courtes et fortes, et le jaguar est effrayé de se sentir saisi par lui dans l'attaque; on dit qu'il s'attache si opiniâtrément à cet animal, qu'ils périssent l'un et l'autre. Sa chair a un fort mauvais goût; cependant les Indiens la mangent.

L'ARMADILLE.

Cet animal prend son nom de la cuirasse dont il est couvert. C'est une enveloppe solide formée de plusieurs pièces qui jouent les unes sur les autres , comme la queue d'un homard , et permettent au corps de faire ses différens mouvemens. Sa chair étant d'un goût très agréable , les Indiens chassent l'armadille avec de petits chiens dressés à cet effet. Dès qu'il est effrayé , il court à son trou , ou s'efforce d'en faire un nouveau avec les griffes de ses pates de devant ; et il travaille avec tant

de persévérance, que, quand on le tire par la queue,
on est obligé de l'arracher de force; mais si on le cha-
touille, il se rend à l'instant même. Quelquefois il es-
saie de trouver son salut en cachant sa tête et ses pates
sous son armure, et en ramenant sa queue autour comme
un lien; il se roule au bord d'un précipice, et généralement cette ruse le sauve. Il est originaire de l'Amérique du Sud.

LA VACHE DE MER.

Cet animal vit davantage dans l'eau que sur terre.
Il appartient à l'espèce des phoques, et est beaucoup
plus gros que le cheval ou qu'une vache. Sa tête est
ronde, ses lèvres très épaisses et couvertes de poils roi-
des; il a les yeux petits et rouges; deux petites ouver-
tures lui tiennent lieu d'oreilles, et quoique ses narines
aillent en courbe, il fait jaillir de l'eau comme la ba-
leine. Ses jambes sont petites, et il a les pieds palmés;
ceux de derrière sont très larges, et s'étendent presque

sur la même ligne que le corps. Ces animaux habitent les mers du Nord. Ils se rassemblent par troupeaux sur le rivage et sur les bancs de glace , où ils s'endorment. La vache marine a deux longues défenses à la mâchoire supérieure , qui égalent l'ivoire en blancheur , et engagent à donner la chasse à l'animal pour les obtenir.

LE VEAU-MARIN.

On rencontre des veaux marins dans presque toutes
les parties du monde. Ils ont de l'analogie, pour l'apparence, avec l'animal décrit précédemment, et tiennent beaucoup du poisson. Leurs pates sont courtes,
et se terminent par cinq doigts garnis de griffes fortes
et aiguës, qui donnent à l'animal la possibilité de mon-
ter sur les rochers, où il aime à s'étendre au soleil. Il
nage parfaitement, et peut vivre également sur terre ou
dans l'eau. Il fait sa nourriture de diverses espèces de

poissons, et se met souvent sur le rivage à la poursuite de sa proie. Les chasseurs de veaux marins, qui prennent ces animaux à cause de l'utilité de leur peau et de leur graisse, entrent dans les cavernes qui leur servent d'asile, vers minuit; ils sont munis d'une torche et d'un bâton pesant; ils ne manquent pas d'effrayer ces animaux par leurs cris, et les tuent au moment où ils essaient de s'échapper.

LA CHAUVE-SOURIS.

La Chauve-Souris tient de l'oiseau et du quadrupède. Par ses ailes, elle a de l'analogie avec les premiers; elle ressemble aux autres par sa structure intérieure et par la possibilité qu'elle a d'allaiter ses petits. On la voit rarement, si ce n'est pendant l'obscurité des soirées d'été, où elle forme dans les airs des cercles d'une manière qui lui est particulière, pour trouver des moucherons et d'autres petits insectes. Lorsque l'hiver est arrivé, elle reste dans un état complet de torpeur, et vit au fond des creux d'arbres ou des trous de vieux bâtimens. La chauve-souris à courtes oreilles est commune dans la plupart des contrées de l'Europe ; son corps ressemble à celui d'une souris , et n'a guère plus de deux pouces et demi de long , quoique ses ailes étendues présentent neuf pouces d'envergure. La chauve-souris à longues oreilles est plus petite que celle que nous venons de décrire ; il faut en excepter les oreilles , qui ont environ un pouce de long.